南方海带苗种繁育技术

主　编　刘　涛
副主编　金振辉　翁祖桐

中国海洋大学出版社
·青岛·

图书在版编目（CIP）数据

南方海带苗种繁育技术 / 刘涛主编. —青岛：中国海洋大学出版社，2019.5

ISBN 978-7-5670-2206-5

Ⅰ. ①海… Ⅱ. ①刘… Ⅲ. ①海带—苗种培育 Ⅳ. ①S968.422.1

中国版本图书馆CIP数据核字（2019）第088076号

出版发行 中国海洋大学出版社
社　　址 青岛市香港东路23号　　邮政编码 266071
出 版 人 杨立敏
网　　址 http：//pub.ouc.edu.cn
订购电话 0532-82032573（传真）
责任编辑 姜佳君
电子信箱 j.jiajun@outlook.com
电　　话 0532-85901984
印　　制 青岛正商印刷有限公司
版　　次 2019年5月第1版
印　　次 2019年5月第1次印刷
成品尺寸 140 mm × 203 mm
印　　张 4.25
字　　数 70千
印　　数 1 ~ 1500
定　　价 36.00元

《海带养殖技术》编委会

主　编　刘　涛

副主编　翁祖桐　宋洪泽

编　委　（按姓氏笔画排序）

于亚慧　王文磊　王珊珊　龙连东

台　方　曲光荣　刘欣欣　李晓波

张以明　陈曦飞　林　琪　金月梅

金振辉　贾旭利　董志安　谢潮添

序 FOREWORD

中国海带养殖产量已连续28年位居全球首位，为全球海藻产业的发展做出了重要的贡献并具有产业支配性地位。20世纪50年代初期，中国率先突破了海带全人工养殖技术并在全球开创了全人工海水养殖业发展的先河；“海带南移养殖”进一步把海带养殖区域从北方地区最南拓展至福建和广东，形成了中国海水养殖业的第一次浪潮；海带遗传理论的建立及其育种应用，开辟了中国海带产业乃至全世界海水养殖业的良种化养殖进程；海带制碘业的自主发展进一步促进了海带养殖业的发展和海藻化工业的兴起。进入21世纪以来，一批高产优质海带新品种的培育以及海带食品加工业的快速发展，为中国海带产业的转型升级发展注入了新的活力。中国海带产业的发展历程充分印证了科技创新的重大贡献。本系列书籍包括了产业发展研究、苗种繁育技术和养殖技术等分册，以图文并茂的方式总结了中国现代海带产业的基本面貌与工艺技术，既可作为实用性的技术培训手册，也颇具学术参考价值，将有助于进一步传播和推广最新的海带产业知识与技术，为国家渔业绿色发展和沿海乡村振兴建设做出更多的贡献。

中国工程院院士

[签名]

2019年4月16日

前言 PREFACE

海带是迄今为止综合开发用途最广的海产品。除了作为海洋蔬菜食品，海带也被用作鲍、海胆等养殖的主要鲜活饲料。同时，海带精深加工生产的褐藻酸钠、岩藻多糖硫酸酯等产品，在医药保健、生物材料、纺织印染、食品、化妆品等领域也具有非常广泛的用途。同时，海带养殖业是无环境污染的海洋农业产业，规模化的海带养殖不仅促进就业和产业增收，具有重要的社会经济效益，同时具有缓解海水富营养化、扩大养殖容量等重要的生态环境保护价值。

海带并非是我国原产物种。19世纪初期，在我国大连海域首次发现了海带的分布。新中国成立后，我国科学家和产业单位联合攻关，先后突破了海带自然光夏苗培育技术、海带筏式养殖技术和海带施肥养殖技术，建立了海带全人工养殖技术，使国际海洋渔业领域首次实现了从自然采捕和增殖向全人工养殖的发展，开创了全球海水养殖业的先河。我国的海带年产量也从1952年的22.3吨快速增长至1958年的6 253吨，同期我国海藻产业对全球海藻产量贡献达到了15%（联合国粮食与农业组织，2004）。1958年，“海带南移养殖”进一步把海带养殖区域从辽宁、山东向南拓展至江苏、浙江、福建和广东，至今仍保持着海带最低纬度的养殖纪录。20世纪60年代，我国科学家首次开展了海带遗传学和育种研究工作，培育出了国际上第一个海水养殖新品种“海青一号”海带，开辟了我国海带良种化栽培的历程。此后，选择育种、单倍体育种、杂交育种和远缘杂交育种、杂种优势利用等育种技术的建立，以及“单海1号”“单杂10号”“860”“远杂10号”“901”等海带新品种培育，进一步提升了我国海带养殖产量，并为我国海藻化工业发展提供了重要的优质加工原料保障。由于我国海带人工栽培技术的发展以及优良品种的应用，我国海藻产业于20世纪80年代首次超过日本，成为全球海藻养殖第一大国，至今一直保持着全球领先地位。20世纪末期以来，中国海洋大学、山东东方海洋科技股份有限公司、中国科学院海洋研究所、中国水产科学研究院黄海水产研究所等单位培育的“901”“荣福”“东方2号”“东方3号”“东方6号”“爱伦湾”“黄官”“东方7号”“三海”“205”海带等10个国家水产新品种的培育和养殖推广，进一步推动21世纪我国海带产业的健康优质发展。由于新品种在我国海带养殖业发展中发挥了关键作用，联合国粮食与农业组织《世界渔业和水产养殖状况（2014）》指出：“在中国，从2000年到2012年海藻养殖产量几乎增长一倍，主要高产品种的开发发挥了重要作用。”

海带产业作为我国海洋农业中产业链最长、产品种类最丰富的产业，在我国已形成了育苗、养殖、食品加工、海藻化工、海洋药物与保健品研发、农用肥料和水产鲜活饲料生产等较为完整和系统的产业链条，并在世界海藻生产和贸易中具有支配性地位。目前，我国海带养殖面积44 236公顷，养殖产量1 486 645吨（《中国渔业统计年鉴》，2018），约占全球海带总产量的89%。由于持续的技术创新以及应用改进，我国现行的海带养殖技术较经典的筏式养殖技术已经发生了一定的改变。海带平养已成为当前主要的养殖模式，内湾养殖已大幅度向深水海域养殖发展，耐高温品种的应用延长了养殖收获周期，轻简化养殖管理得到了广泛的采用。新技术与新模式的应用深刻地改变了我国海带产业的格局，对我国海洋强国建设、沿海乡村振兴和绿色渔业发展提供了重要的产业支撑作用。

笔者在与山东省和福建省海带产业单位多年合作的基础上，进一步结合现场考察调研工作，编撰了《海带养殖技术》一书，期待广大读者能够更直观地了解我国现行的海带养殖技术。本书出版得到了福建省种业创新与产业化工程项目“海带品种创新与种苗繁育产业化工程”、福建省科技重大专项专题项目“坛紫菜、海带优质抗逆新品种选育及产业化应用”、山东省泰山产业领军人才项目、国家海洋经济创新发展区域示范项目和现代农业产业技术体系（藻类）专项资金项目资助，特此致谢。

编　者

2019年3月10日

目 录 CONTENTS

第一篇 海带的基础知识

1 海带孢子体的形态与构造

1.1 海带孢子体的形态

海带孢子体分为叶片、柄和固着器（图1.1）。不同品种间，海带固着器、柄、叶片的形态差异显示出种群的特征，如叶片的长度、宽度和厚度，成体色泽，等等。同时，不同种群的孢子囊群外观与成熟期也有所差异。因此，海带外部形态特征是鉴别品种简便的依据。另外，碘、褐藻胶、甘露醇等化学成分含量的不同，也可代表品种的特征。

1.1.1 固着器

海带柄部的最下端部分称为固着器（图1.2），又称假根，是藻体营固着生活的重要器官。固着器是由许多自柄基部生出的多次双分支的组织构成的，形态似植物的根系，附着在岩石或养殖绳上，以固定整个藻体。海带幼苗期，固着器只有一个吸盘，为盘状固着器（图1.3）；随着藻体的长大，在固着器上方逐渐自柄的基部呈放射状长出很多新的假根，增加藻体的附着能力；海带成体的固着器形态一般呈圆形或扫帚形。一般而言，养殖海带比自然繁殖海带的固着器更发达。

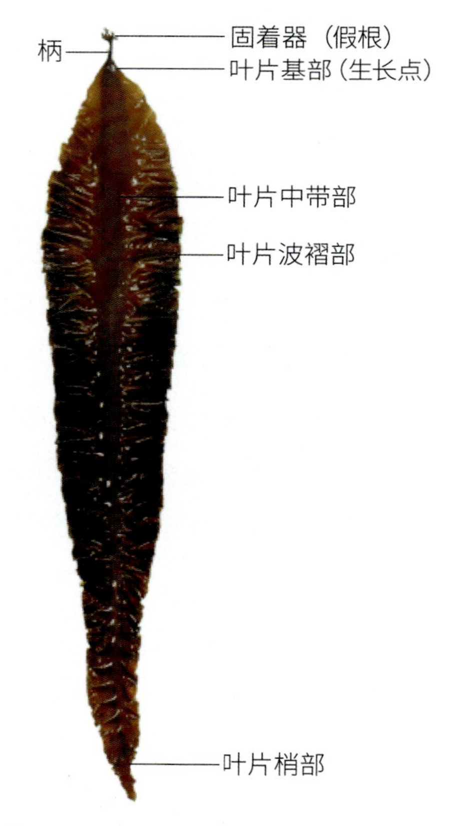

图1.1　海带孢子体的形态构造

图1.2　海带成体固着器（假根）

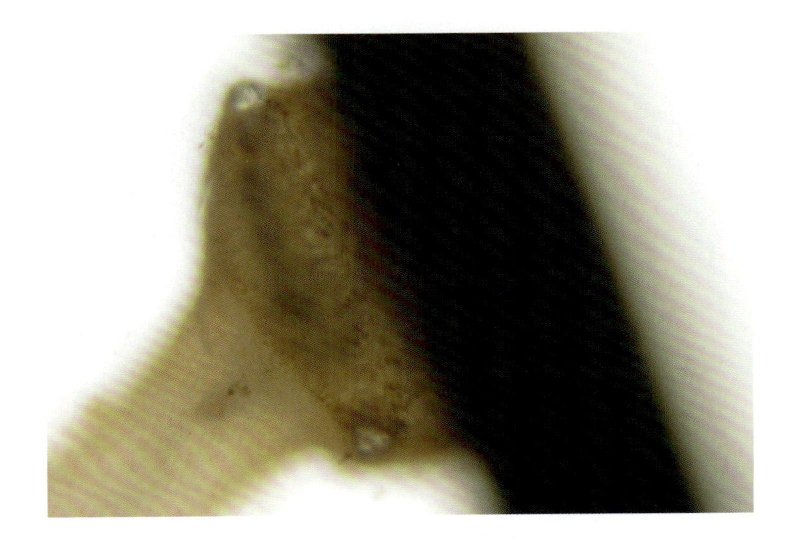

图1.3　海带幼苗固着器（盘状）

1.1.2 柄

海带叶片与固着器连接的部位，称为柄（图1.4），形状呈圆柱状或扁圆柱状。成体海带的柄呈深褐色，和叶片相接的部分呈扁平形，再向下直至固着器则渐变成圆柱状。柄的长度随海带的生长而有较大变化，成体海带的柄长3～8 cm。海带柄长还与养殖密度以及海区透明度密切相关，在透明度低或养殖密度较大的情况下，柄部一般较长。

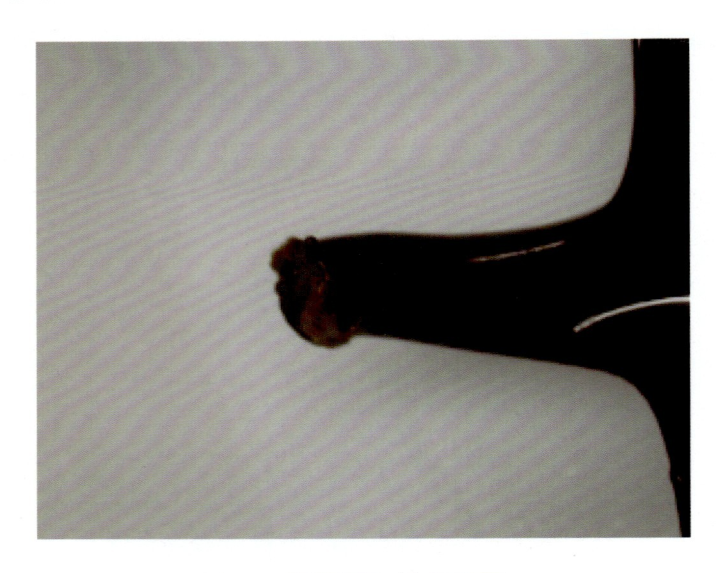

图1.4 海带的柄（去除假根）

1.1.3 叶片

海带叶片为褐色、扁平、不分支的带状，其长度、宽度、厚度与养殖环境、养殖技术以及不同品种有关。叶片的长度、宽度、厚度不仅是分类鉴定的主要依据，也是生产中衡量经济性状的主要指标。在叶片上从梢部到柄部的中央部位，贯穿着有一定宽度而又在厚度上比两边缘略厚的部分，称中带部。中带部两侧形成两条浅沟，称为纵沟。海带叶片两侧的叶缘薄而软，呈波褶状。受光条件不同导致海带叶片细胞生长速度差异而使叶片略显弧形，一面凹，一面凸，凹面称外面或向光面，凸面称里面或背光面。一般栽培的海带叶片宽30～60 cm，长2～4 m。辽宁和山东栽培的海带由于生长适温期长，叶片又长又宽；而浙江、福建、广东因生长适温期较短，海带叶片短而窄。

1.2　海带孢子体的内部构造

海带藻体由外向里一般分为表皮、皮层、髓部，但由于生长发育时期以及部位不同，这3部分组织在细胞数量多少、细胞大小等方面存在很大的差别。

海带孢子体最外层就是表皮组织，也是进行光合作用的组织。表皮细胞个体小，排列整齐，横断面观为正方形，纵切面观为长方形（图1.5）。

表皮以内是皮层组织，由多层细胞构成。皮层细胞大小、数量及形状随着藻体的生长分化而变化，皮层细胞层

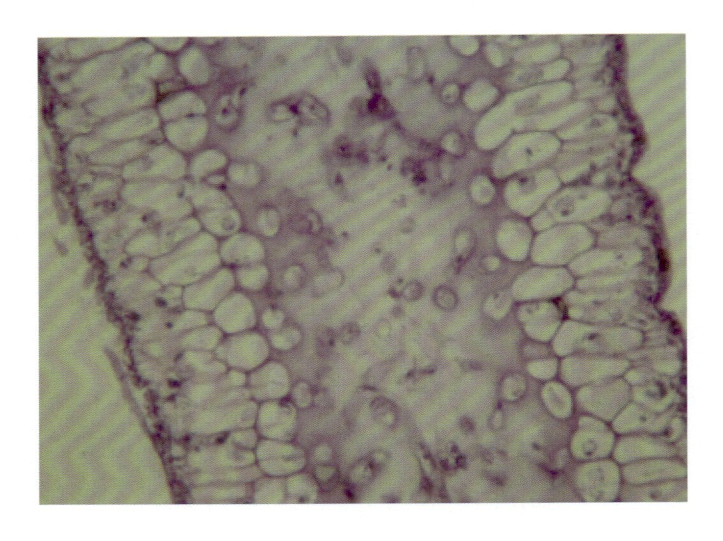

图1.5　海带孢子体的组织构造

数多的一般又分为外皮层与内皮层。在成长的藻体中，皮层细胞原生质体内贮存了很多有机物质。

在海带不断生长过程中，皮层内部一部分细胞形成髓部。海带的髓部由髓丝细胞和喇叭丝细胞组成。喇叭丝细胞是一系列首尾相连的内皮层细胞分化形成的管状组织，开始分化时细胞先延长，在连接处的细胞其细胞壁变得膨大，形成筛板（图1.6）。喇叭丝是海带的输导组织。

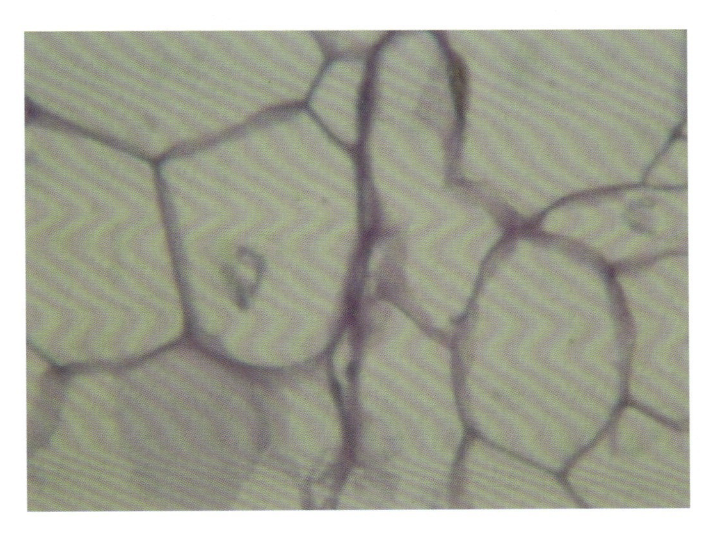

图1.6　海带喇叭丝细胞的筛板

2　海带孢子体的生长阶段

虽然海带孢子体外形上分为叶片、柄和固着器3部分，但从受精卵开始到成熟直至衰老死亡，海带要经历从小到大、从简单到复杂的生长发育过程，外形也随着这些过程逐渐地变化，同时内部组织结构也会相应发展。从受精卵开始，海带先是通过细胞横分裂增加长度，没有分生组织可言。而小藻体长到5 cm以上时才分化出生长部组织，此时藻体长度的生长主要由生长部完成，生长部位于叶片与柄连接处，因为叶片新生部位在藻体的下部，而梢部的叶片是属于老成部分，这种生长方式被称为居间生长。

海带孢子体的生长阶段可人为划分为幼龄期、凹凸期、薄嫩期、厚成期、成熟期、衰老期。

2.1 幼龄期

孢子体的形成是从单细胞的受精卵开始，核相为2n。小海带长度在5～10 cm时，为幼龄期，这一时期的特点是叶片薄而平滑，无凹凸，无纵沟，无中带部（图1.7）。从受精卵长到孢子体有100个细胞时，没有分化出专门的分生组织所在的生长部，所以生长是依靠每个细胞的分裂和细胞自身的膨大来进行的。长到5 cm长度时，生长部就在柄与叶片连接处分化出来，不断分生出新细胞，使叶片长度增加，此后海带生长主要依靠居间生长。5 cm幼龄期海带长度的生长主要是依靠叶片基部到距基部2.5 cm部位的延长。另外，幼龄期海带越小，叶片生长就越集中在生长部进行；海带越大，生长部以上组织的生长占叶片总生长的比例就越大。15 cm以下的小海带叶梢不存在老化而脱落的现象，因细胞不断分裂和增大反而有所增长；15 cm以上的海带叶梢开始有不同程度的脱落。

图1.7　幼龄期海带

10 cm左右的幼龄期海带基本上已达到分苗标准，因为这时期藻体已分化出生长部，并且藻体长度已适于夹苗。由于海带分苗早晚以及分苗个体长度大小对于后期产量具有明显的影响，因此，生产上更倾向于分大苗进行夹苗栽培。目前，生产上海带分苗标准长度一般为20 cm。

2.2　凹凸期

凹凸期又称小海带期。15～30 cm海带的生长部距基部3～6 cm。当海带长到30 cm以上时，可明显观察到中带部，叶片中带部两侧即出现方形凹凸，根据这一特点，该阶段称为凹凸期（图1.8）。凹凸分成两排，纵列于叶片上，这是由表皮分生组织的细胞分裂速度不均所造成的。有些细胞分裂生长很快，而另一些细胞分裂很慢，因而形成凹凸不平的现象。凹凸期的海带长度生长速度较慢，但随着海带叶片长度的增加，凹凸部位逐渐向梢部和中带部两侧生长。凹凸的深浅和凹凸过程的长短与光线强弱和水质肥瘦有密切关系。在强光或水质贫瘠的水环境下养殖的海带凹凸期会延长，应密切注意并采取沉降水层或施肥等技术措施加以解决。

图1.8　凹凸期海带

2.3　薄嫩期

薄嫩期（图1.9）又称脆嫩期或平滑期。海带长到1 m左右，生长部呈楔形（三角形），生长部及其新形成的组织使叶片厚度增加，叶片基部变为平直，叶片两边缘的波褶程度也随之减轻，而原有凹凸部分的叶片因为生长的关系，逐渐被推向藻体尖端。新生的叶片长度不断增加，同时宽度也逐渐增加，柄部变粗，固着器（假根）分支发达。这个时期是叶片长度生长速度最快的时期，主要的特征是藻体呈淡褐黄色，基部呈楔形，含水量多，质地脆而嫩，极易折断，故又名脆嫩期。薄嫩期海带藻体的生长和叶梢脱落速度均加快。一般而言，藻体越小，叶片的生长越集中在生长部，生长速度也越快。这个时期的海带生长部位一般在藻体基部到离基部10 cm左右。

图1.9　薄嫩期海带

2.4 厚成期

随着海区水温的升高，海带进入厚成期（图1.10），长度生长速度迅速下降。到厚成期的晚期，海带叶片梢部脱落速度开始大于海带叶片增长速度，海带长度明显缩短。厚成期的海带叶片宽度以及厚度基本不再增加，达到极限。厚成期海带藻体开始积累大量的有机物质，含水量相对减少，干重迅速增加，干鲜比逐渐提高，叶片硬厚老成，有韧性，呈深褐色。在海带厚成期，可以进行大规模的收获。

图1.10　厚成期海带

2.5　成熟期

孢子体在厚成期后，随着水温的增高（通常当海区水温达到15 °C以上），叶面上开始产生孢子囊群，藻体不再继续生长，海带即进入成熟期（图1.11），开始繁殖。孢子囊群是孢子体的繁殖器官，从叶片中带部的表面产生略高于表面的孢子囊斑。通常，孢子囊的数量在海带叶片靠近基部的位置要多于梢部；中带部的孢子囊发生较为集中，且远多于叶片边缘。

图1.11　成熟期海带（叶片表面孢子囊群）

2.6 衰老期

海带孢子囊群大量放散孢子以后，生理机能活力逐渐衰退，叶片表面粗糙并且藻体纤维质化（图1.12）。孢子囊群放散后，叶片变为黄褐色和浅黄色，局部细胞衰老死亡。固着器和柄部出现空腔。随着空腔程度增加，海带逐渐腐烂，最后死亡。自然繁殖的海带，通常藻体叶片大部分脱落，仅在基部留存少量的生长点细胞，叶片长度仅残留1～2 cm，待冬季水温降低后，又可生长出新的叶片。

图1.12　衰老期海带

3　海带生长的条件

3.1　海带重量生长的特性

海带由于长度生长、宽度生长、厚度生长以及碳水化合物的积累，最终导致海带孢子体重量的增长。当幼苗生长部形成之后，随着细胞的分裂，新细胞不断形成，藻体不断增大，重量也不断增长。当藻体进入薄嫩期阶段时，藻体生长速度加快，梢部脱落也逐步加快。在北方地区5月上旬或南方地区4月上旬，藻体生长速度达到平衡的时候，藻体鲜重也接近最大值，此时藻体含水量大，有机物质积累少，鲜干比大，干重增加得少。随着水温的升高，生长速度减慢，脱落速度加快，当脱落速度略大于生长速度时，鲜重开始下降，但这时干重的增长却较快。干重的增长要比鲜重的增长更为重要，因为干重是有机物质积累的标志。当藻体生长到后期（北方地区6月上旬或南方地区4月中下旬时），干重达到最大值。此后，由于水温继续升高，有机物质仍有积累，但由于衰老加快，在鲜重减轻的同时，干重也逐步下降。海带的适宜收割时间，主要由干重的增长来决定。

海洋环境中各种物理因子（水流、透明度、盐度、温度等）、化学因子（pH、营养盐、CO_2等）、生物因子（微生物、敌害生物等）的变化都直接或间接地影响着海带的生长发育，而海带本身对其周围环境又有着一定的适应能力，所以海带的生命活动与其环境具有密切的关系。

3.2 海带生长发育与光照的关系

海带孢子体生长发育的各个时期对光照的需求是不一致的。在人工养殖中合理利用光照是重要的因素，是提高单位面积产量的重要措施之一。因此，应该根据海带孢子体不同生长发育时期对光的要求，因地制宜地调节水层来满足海带生理代谢的需要，才能达到高产、质优的目的。

在凹凸期和薄嫩期，过强的光照可降低海带的生长速度，尤其是生长部不耐强光。因此，在人工养殖中保护生长部，与提高产品的产量和质量息息相关。由于筏式养殖是把海带颠倒过来，假根部朝上而叶片朝下，生长部所处的水层比叶片浅，容易接受过强的光照而受到伤害，所以在凹凸期和快速生长的薄嫩期要注意水层的深浅调节，不宜使生长部接受强光。由于各地的海水透明度相差很大，变化的情况也不同，所以应该根据海带生理上的要求来进行调整，使海带始终能在有适宜光照的水层中生长，以达到最大的长度和宽度。如果这个时期受光过强，往往造成凹凸期延长，藻体迟迟不能形成中带部，藻体短小，假根和柄部颜色加深成黑褐色，叶片生长速度迟缓，甚至停止生长。

在厚成期，海带的长度生长基本上停止了。藻体主要是进行厚度的增加和有机物质的积累，这时藻体的颜色加深，光合作用能力增强，使有机物积累进一步加快。光照强弱成为海带厚成的关键因素。在同一根苗绳上，通常两端几棵海带受光好，厚成快，而中间的海带则因被遮光而厚成不好。这时如果把两侧几棵割去，则中部的海带由于受光条件改善，很快也能厚成。所以，生产上采取间收的方法，也就是先收养殖绳两端的几棵海带，过一个时期再收中间的海带，使养殖产量提高。在厚成期，海带梢部的衰老细胞脱落也加快，光照的加强也能促使脱落加快。在来不及收割时，为了避免海带梢部脱落的加速，可通过下降养殖水层来减缓海带的衰亡。

在成熟期，有机物质的积累也是不可缺少的。较强的光照能够增加光合作用积累的有机物质，并促进孢子囊群的形成。在筏式养殖中，浅水层培育的海带其孢子囊群的面积要比深水层的大得多。

3.3 海带生长发育与温度的关系

温度对海带的生理机能有广泛的影响，通常把温度对海带的影响分为3个范围，即最低温度、最适温度和最高温度。在通常情况下，温度升高到最高温度或降低到最低温度时，海带会停止生长，但不一定死亡。相对而言，海带属于冷水性藻类，其对低温具有更强的适应能力，甚至可以生活在冰面以下的海水中（最低温度甚至可达-1.35 ℃），但自然分布的海带所在的海区，夏季最高水温不超过23 ℃，一般都在20 ℃以下，因此，海带不能耐受高温。水温的条件往往是海带分布的限制因素，海带在夏季高水温期就停止生长并且加快衰老。同时，温度也是海带发育的重要条件，在海区水温达到15 ℃以上时，海带开始形成孢子囊，进入成熟期。

温度对海带的影响还因孢子体的大小而异。小型藻体比较耐高温，长度为1 m左右的藻体在18～19 ℃时仍然继续生长，而大型藻体则在水温升至15 ℃时生长速度就急剧下降而逐渐停止生长，因而认为20 ℃是海带生长的最高温度。

从温度对海带生长的影响来看，应该重视低水温期的养殖管理，使海带生长潜力得到充分发挥，这是取得高产的一项重要措施。有一段时期，人们采用过在低温期降低水层、减少施肥或不施肥等措施人为地降低海带的生长速度。应该注意到，目前我国沿海水温从分苗开始都适宜海带生长，海带最适宜的生长水温往往在当地低水温期的前后，所以低水温期间的养殖管理工作必须特别加以重视。

3.4　海带生长发育与营养的关系

氮、磷等矿物质元素对海带来说是必需的元素。也有研究显示，海区中的碘元素也是海带生长和发育不可缺少的元素。在自然海区中氮和磷的不足往往能成为海带生长发育的限制因素，尤其是在20世纪50～80年代，因养殖海区缺少氮元素，还依赖于施肥促进海带的生长。

在含氮丰富的肥沃海区养殖的海带生长正常，藻体深褐色，个体大，叶片平直而厚，海带的产量和质量都很好；在含氮很少的贫瘠海区，海带生长非常缓慢，藻体淡黄色，个体短小，叶片薄而凹凸不平，不但产量低，而且质量很差。

磷也是海带生长发育中不可缺少的元素，其天然含量较低，在自然海水中氮和磷的比例通常是7：1，但在夏季我国近海海区通常会出现磷含量大幅度下降的情况。

碳也是海带生长发育的关键营养元素。水流会加快海气界面中CO_2的溶解，并增加CO_2与海带孢子体表面细胞接触的速度，从而提高海带固碳和光合作用的效率，促进海带的生长。

第二篇　养殖环境与设施

1　养殖环境

海带养殖产量高低与海区的选择有十分密切的关系。从保证安全生产以及提高养殖管理效率的角度考虑，海带养殖以选择风浪较小的内湾为主。随着养殖生产的不断发展，内湾的养殖密度越来越大，虽然总产量提高了，但单位面积的产量越来越低，同时，近岸海域受海岸线保护与城市管理约束也越来越多，向水深流大的外海海区发展已成为南北方海带养殖业发展的一个趋势。目前，我国的海带养殖在北方地区主要选择风浪中等的外湾，而在南方地区则选择风浪较小的内湾。近年来，福建连江地区也开展了海带的外海区养殖。

适宜海带养殖的海区应满足底质、水深、流与浪、透明度和水质等方面的基本需求。根据上述条件的差异，可将海带养殖海区划分为一类、二类和三类海区。对不同类型的海区应因地制宜地采取相应的措施，充分发挥其自然优势，才能获得较高的经济效益。对水深、流大、浪大的一类海区，首先要做好养殖筏架固定工作，并以顺流设筏平养的方法为最好，这样有利于海带叶片均匀充分受光，发挥个体生长潜力；在流、浪较小的二类海区，在外区适合设顺流筏平养，在内区适合横流设筏，并可采取贝藻间养的方式提高经济效益；水流较缓的三类海区适合贝藻间养，顺流和横流设筏均可，外区适合混合式的贝藻间养（将贝类垂挂在海带养殖绠绳之间），内区适合区域式的贝藻间养（一区养贝，一区养藻），以有利于促进水流。

1.1　底质

底质以平坦的泥底或泥沙底为好，较硬的沙底以及稀软泥底次之。这些底质的海区适合打橛（桩）用于固定养殖筏架，而凹凸不平的岩礁海底可采取下石砣的方式固定养殖筏架。

1.2　水深

要根据所用的苗绳长短和养殖方式来确定水深。一般在冬季大干潮时能保持5 m以上水深的海区，均可开展筏式养殖。在其他条件具备的前提下，水愈深愈好。在水深

不足5 m的海区，即所谓的“浅水薄滩”区，虽然也可以开展筏式养殖，但由于水温变化较大而不利于海带的生长。

1.3 流和浪

流水条件对海带生长发育至关重要。从生产实践中看出，在同样管理水平的情况下，海带在水深流大的海区生长快、个体大、产量高、质量好。即使在同一海区，流水比较畅通的边缘处或筏架的两端，海带生长比较好，而中间区或筏架中的海带生长较差，这反映出流水条件的重要作用。

流水畅通具有以下优点：① 流水畅通的海区，单位时间内通过的水体多，可以提供比较丰富的营养，使海带始终生活在比较好的环境中，保证其生理活动正常进行，保持其旺盛的生活力；② 流水畅通可以使海带叶片摆动，改善海带叶片的受光状况，使受光比较均匀，增强光合作用；③ 流水畅通的海区，浮泥不易附着到海带表面，同时也减少附着在海带表面的其他敌害生物，因此能促进海带叶片的生长。

流水畅通的缺点主要是对安全生产不利。大面积养殖要达到流水畅通的目的，必须把筏架施设到外海流急的海区。这种海区一般浪大流急，容易遭受风和流的损害，所以必须对筏架进行加固，这样则增加器材投入成本。此外，流向也与海带的受光状况有关：当流向与平挂的苗绳方向一致时，海带被流带动而互相遮阴；如果流向与苗绳成角度相交，则海带被斜向吹起，受光条件就得到改善。因此在施设筏架时也必须考虑到流向的关系。

理想的养殖海区应流大、风浪小，而且有往复流。这样理想的海区是比较少的，尤其是水深流大的外海区，一般风浪都比较大，但只要加强筏架的固定，浪大的外海区也是很好的养殖海区。北方地区的海带养殖水深最深已达15 m。在选择海区时，特别要重视有冷水团和上升流的海区。有冷水团控制的海区，最大特点是海水温度比较稳定，在冬季温度不会太低，而在春季，冷水团又能使水温的回升缓慢，同时冷水团的营养盐的含量比较高，因而有利于海带的生长。上升流能不停地将海底营养盐带到表层，同时有上升流的海区的透明度也比较稳定，因而有利于海带的生长。

海水的流向与筏架的设置关系十分密切，比如顺流筏要求筏架设置的方向与流向一致，横流筏则要求做到真正横流。正确设置筏架不但有利于安全生产，而且对海带的受光、防止海带相互缠绕都是有利的。因此，在选定养殖海区时，要求用海流计准确地测出该海区海水的流向和流速，为安全生产提供依据。

1.4　透明度

由于海带需要进行光合作用，因此以水色澄清、透明度较大的海区为好。在海水较浑浊、透明度不到1 m的海区，可以采用浅水层平养的方式进行养殖。对海带养殖生产来说，关键是透明度的相对稳定。在透明度不稳定、变化幅度很大的海区，无法掌握适宜海带受光的水层，因而最易发生因光线过强而抑制海带生长的现象，甚至产生病害。在近岸潮差较大的海区，环境条件变化很大，透明度极易发生变化。因此，掌握海水透明度的变化规律，对指导生产是很有意义的。

1.5　营养盐

氮和磷等营养盐的含量对海带的生长发育具有很大的影响，因此，在选择养殖海区时，要调查清楚该海区的自然肥的含量及其变化规律，为合理施肥提供可靠的依据。根据海带日生长速度和对氮肥的需要量来计算，海水中总氮维持在100 mg/m^{3}以上，才能满足海带正常生长的需要。

1.6　水质

在城市附近的海区，每天都有大量的生活污水和工业污水排入。污水中含有大量的有毒物质和有害生物（如漂白粉、氰化物、硫化物、重金属、大肠杆菌等），对海带养殖有很大的危害。它们不但危害海带的生长，而且很多有毒物质在海带体内大量积累后，无法保障海带的食品安全。因此，海带养殖区应按照《渔业水质标准》（GB11607）和《无公害食品　海水养殖用水水质》（NY5052）的要求，远离城市与工业区。

2　养殖设施

养殖设施主要包括养殖筏及其构造组件、养殖船等。

养殖筏是一种设置在一定海区，并维持在一定水层的浮架。我国自开创筏式养殖以来，曾发展了各种类型的养殖筏。养殖筏基本上分为单式筏（又称大单架）和双式筏（又称大双架）两大类。有的地区又因地制宜地将其改进为方框筏、长方框等。长期生产实践证明，单式筏比较好，每台是独立设置的，受风流的冲击力较小，抗风流能力较强，因而比较牢固、安全，特别适用于风浪较大的海区。单式筏是我国目前海带养殖的主要养殖筏类型。

2.1　养殖筏的类型与结构

单式筏由1条浮绠、2条桩缆、2个木桩（石砣）和若干个浮球组成（图2.1）。

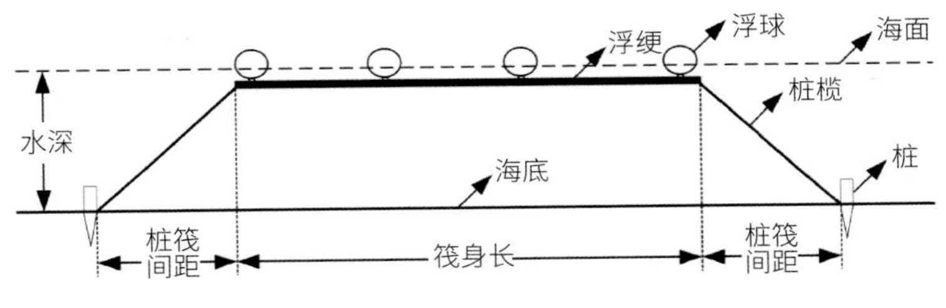

图2.1　单式筏结构

浮绠通过浮球的浮力以及桩绳的拉力漂浮于水表面，用于悬挂苗绳。浮绠的长度就是筏身长。筏身的长短与生产安全有关，要因地而异，一般净长60～80 m。桩缆和木桩（石砣）是用来固定筏身的。桩缆一头与浮绠相联结，一头系在木桩（石砣）上。水深是指满潮时从海平面到海底的高度。桩筏间距是指从木桩（石砣）到同一端筏身顶端的距离。

2.2　养殖筏的主要器材及其规格

2.2.1　浮绠和桩缆

聚乙烯绳是理想的浮绠和桩缆材料，价格较为便宜，抗腐蚀，拉力大，一般可用8～10年，而且操作方便。浮绠和桩缆直径大小可根据海区风浪和水流速度大小而定。一般在风浪大的海区直径应为2.2～2.4 cm，风浪小的海区直径为1.8～2.0 cm即可。

2.2.2 浮子

历史上曾采用玻璃浮球、毛竹筒等作为浮子，目前主要是使用塑料浮球。南方地区生产中仍主要使用泡沫浮子，但容易破碎而造成塑料污染，且浮力较小，建议采用聚乙烯塑料浮球。目前，福建省已准备开展大规模的聚乙烯塑料浮球更替工作。

通常使用的浮球直径为28 cm，重1.6 kg，最大浮力为122.5 N。塑料浮球设有2个耳孔，以备穿绳索绑在浮绠上。塑料浮球比较坚固、耐用，自身重量小，浮力大，与聚乙烯浮绠配合使用，大大提高了海带养殖生产的安全系数。

2.2.3 桩或石砣

桩可以采用不同的材质，包括木材、毛竹。目前，北方地区主要是采用木桩，南方除用木桩外，还因地取材使用竹桩。木桩适用于任何能打桩的海区，而竹桩只适用于软泥底的海区。桩打深、打牢，才能固定养殖筏架，避免拔桩，并且保持筏架平稳。风浪大、流大、底质松软的海区，桩身应长且粗；反之，则可短些、细些。在一般海区，木桩的长度应在1 m以上，直径20 cm左右。竹桩的长度视海底软泥的深度而定：海底软泥深度达1 m者，竹桩长度应在2 m以上；软泥深达2 m者，竹桩长度应在3 m以上。

在不能打桩的海区，可采取下石砣的办法来固定筏架。石砣的大小要根据养殖区的风浪和潮流大小而定。方石砣一般为2 000～3 000 kg，其高度要小，以使重心降低，从而增加固定力量；圆水泥砣直径1.2～1.5 m，高30 cm，重3 000~4 000 kg，其高度为长度的1/5～1/3。石砣顶面安置有比较粗的铁环或钢环，环的直径一般为20～30 cm，用于系住桩缆。

2.3　养殖筏的设置

2.3.1　海区布局

海带养殖的海区要合理布局，既要充分利用海区，又要考虑到间距，使海带处于适宜的环境，保证海带充分地发挥个体和群体的生长潜力，达到优质和高产的目的。因此，筏子设施不要过于集中，要留出足够的航道、区间距离和筏间距离，保证不阻流，有一定的流水条件。同一个海区内应有统一的规划，合理布局。

筏架的设置应视海区的特点而定，必须把筏架安全放在首位，避免倒筏，其次是有利于海带的生长，并考虑到管理操作方便，整齐美观。通常情况下，可以将30～40台筏架划分为一个区，区与区呈“田”字形排列，区间要留出足够的航道。每区30～40台平养的筏架，区间距离以6～8 m为宜。在同时开展贝类养殖的海区，可将海带养殖区与贝类养殖区相间排列，这样可以减少一种养殖对象在一定区域内的相对密度，从而改善其生活环境条件，同时又能利用动植物间的互利因素，促进贝藻共同生长。

在风浪大的外海区，养殖区宜小，中区和内区的养殖区可以大些，一般以30台筏子为一区。

2.3.2 筏架设置的方向

筏架设置方向不但关系到筏架的安全，而且关系到养殖方法与海带的受光情况。应充分结合海域环境条件，综合考虑风和流对筏架安全的影响，并尽量使海带能得到充分的光照和良好的水流。

养殖海区仍然属于靠近海岸的海区，除少数海区风向与流向一致外，绝大多数海区的风向与流向成一定的角度。因此，在考虑筏架设置方向时，风和流都要考虑，但二者往往以一个为主。如果风是主要破坏因素，则可顺风设筏；如果流是主要破坏因素，则可以顺流设筏；如果风和流的威胁都较大，则应着重解决潮流的威胁，使筏架主要偏顺流方向设置。当前推广的顺流筏养殖法，必须使筏向与流向平行，尽量做到顺流。

在流大水深的外海海区设置筏架时，可同时采取横流和顺流相结合的方式：在外部设置横流筏架，以尽量阻隔过大的海流；在内部设置顺流筏架，保持水流通畅。尽管外部横流筏架养殖的海带会因海流冲击而减产，但内部顺流筏架养殖海带的产量可以弥补这一损失。

筏向也决定了吊绳、养殖绳、海带能否避免缠绕。尤其是东北风较多的海域，在风向与流向互相垂直的海区，筏架应横流设置；在风向与流向相同的海区，筏架应偏风、偏流设置。

2.3.3　打桩或下石砣

手工打桩操作比较劳累，且效率较低，但适宜底质较硬的海区。目前，主要是采取机械打桩的方法，就是用机械将头杆上下提动，把桩打入海底。打桩前应先用4条绳子在选定的海区拉上两条水线，以便能按照水线上的尺寸将桩整齐地打入海底。水线的长度应是一个养殖区的长度，两条水线之间的距离应是一台筏子两个桩的间距，而桩筏间距可根据水深和桩缆长度求出。以水线作为打桩的标记，将水线下好后应用力拉紧。打桩可用两只舢板并联成双体船，两船之间距离40～50 cm。

打桩前，先在水线两侧相距100多米处，各下两根桩缆，下端用大锚固定。打桩时，打桩船位于水线上，把水线夹在两船中间，在水线上找到第一个木桩的位置，利用桩缆调整好船位，使劲蹬紧，然后左右固定好。风平浪静、流又不大时，只用水线绳固定船位即可。船位固定后，用力打桩，使桩埋入海底。一般软泥底应打入泥下3 m以上，硬泥底可适当浅一些。如此反复，将全部桩打入海底。把桩缆的上端拴在水线绳上，或者用联绳彼此按筏间距离结在一起，以便于下筏架。

下石砣比较简单，在船上用调杆或吊机钩住石砣的缆绳，根据水线上的标记，慢慢将石砣沉到海底。

2.3.4　布设筏架

木桩打好或石砣下好后，就可以布设浮筏。桩缆或砣缆在打桩或下石砣时，就需要绑在桩或石砣上，并在其上端系上浮球。下筏时，先将数台或数十台筏子装在舢板上，将船摇到养殖区内，顺着风流的方向将第一台筏子推到海中，然后将筏子浮绠的一端与系有浮漂的桩缆或砣缆接在一起，另一端与另一根桩缆或砣缆用相同的绳扣接起来。一行行地将筏子布设后，再通过调整桩缆或砣缆长度将松紧不齐的筏架整理好，使整行筏架的松紧一致，筏间距离一致。

2.3.4.1　桩缆长度的设置

桩缆长度直接决定着桩缆与海底交角的大小和抗风能力强弱。桩缆越长，则桩的固定能力越强，筏架越安全。

如果桩缆过短，一方面容易产生拔桩现象，另一方面在满潮时筏子两头就会承受较大的压力，往往使海带被压下水底、受光不好，造成海带不能正常生长。同时，桩缆也不宜过长，以免造成器材的浪费。通常情况下，一般海区的桩缆的长度与水深成2：1的比例较为适宜，若满潮时水深为10 m，则桩缆长度应为20 m，桩缆与海底约成30°的夹角，桩筏间距约为水深的1.75倍。流、浪较小的内湾海区，桩缆的长度可与水深成1.5：1的比例。流浪较大的海区或养殖区边缘，桩缆长度可与水深成3：1的比例（表2.1）。

表2.1　桩榄长度、桩筏间距与水深对照表

（引自《海藻养殖学》，曾呈奎等，1962）

满潮期水深/m	桩榄长为水深0.5倍		桩榄长为水深1倍		桩榄长为水深2倍	
	桩榄长/m	桩筏间距/m	桩榄长/m	桩筏间距/m	桩榄长/m	桩筏间距/m
2	3	2.3	4.0	3.5	6.0	5.7
3	4.5	3.4	6.0	5.2	9.0	8.5
4	6.5	4.5	8.0	7.0	12.0	11.3
5	7.5	5.6	10.0	8.7	15.0	14.0
10	15.0	11.2	20.0	17.5	30.0	28.3
15	22.5	17.0	30.0	26.0	45.0	42.5
20	30.0	22.5	40.0	34.5	60.0	56.5

2.3.4.2　筏架长度

筏架的长短能决定筏身负荷和断面受力的大小。筏身越长，断面受力越大，越不安全。因此，筏架长度应根据各海区风浪大小、流水急缓和埂绳强度来确定。风、浪、流都大的海区，一般情况下筏身要短些，以40～50 m为宜；风、浪、流适中的海区，筏身可加长到60～80 m；风、浪、流都较小的海区，筏身可加长到80～100 m。在同一个海区，外区与内区的筏身长度也应不同，外区短而内区长。

2.3.4.3　筏架平整

同样长度的筏架，埂绳的松紧不同，其断面受力有显著差别。筏架越紧，断面受力越大，在大风浪中筏身没有随波浪起伏的余地，而易遭破坏。筏架应适当地松弛，埂绳长度让出波浪的浮动幅度，使筏身能随波浪自由浮动，因而不易拔桩、断埂。但如果筏架过于松弛，则会因海流作用而出现聚集推挤。

2.3.4.4　筏架浮力调节

筏架的漂浮程度可由浮球来进行调节。浮球多，浮力大，筏架的浮力强，阻风挡流就重，尤其在筏架设置过紧的情况下，遇到大风浪，筏架容易受损。如果筏架设置相对松弛，浮球数量又适中，即使在大风大流的时候，筏架也可以随流水和风浪起伏，避开浪头的冲击。一般以平流时浮球一半露出水面为宜。但对透明度较小的海区，或海带叶片附着浮泥较多的海区，浮球要适当增加，否则会造成海带受光不好或筏架下沉。

2.3.4.5　吊绳

吊绳是将养殖绳或苗绳绑缚在浮绠的聚乙烯细绳，一般直径为0.5～0.7 cm。通过吊绳，将养殖绳或苗绳挂在两行筏子相对称的两根浮绠上。将吊绳从浮绠的中心穿过，再拴扣固定；将养殖绳或苗绳一端打结后，再将吊绳栓扣系牢。吊绳主要是将海带苗绳或养殖绳悬挂在一定的水层中，避免海带生长被强光伤害，同时也保证了海带生长所需的光照。吊绳的长度主要根据养殖海区透明度决定：透明度高的北方海区，吊绳应长一些，一般为43 cm；而透明度低的南方海区，吊绳则较短，一般为20 cm。在养殖过程中，根据海带不同生长时期对光的需求，及时调节吊绳长度来促进海带生长。

2.4　养殖器材的用量和规格

按4台筏子所占海区为1亩[①]计算，其中，养殖海带苗绳总长一般为1 200 m，大约相当于240根养殖绳的长度（每根苗绳长2.5 m左右，一般为2.3～2.6 m）。

① 亩为非法定单位，考虑到生产实际，本书予以保留。

每亩所需的养殖器材数量和规格见表2.2。

表2.2　海带养殖器材数量和规格（以1亩计算）

名称	规格	单位	数量	备注
木橛	杂木，细头直径15 cm以上，长100～150 cm	支	8	
浮绠	聚乙烯绳，直径20～22 cm，长35 m	根	4	
橛绳	聚乙烯绳，直径20～22 cm，长20 m以上	根	8	以水深10 m计算
吊绳	聚乙烯绳，直径0.5～0.7 cm，长20～43 cm	kg	8	
聚乙烯塑料浮球	直径28 cm，重1.6 kg	个	150	
苗绳	聚乙烯绳，直径2.0 cm，长2.5 m	根	120～200	
舢板	每30～50亩1条			

第三篇　海带养殖技术

1　下海暂养

海带下海暂养，是将出库的海带苗种阶段养殖到适合的海区环境中，让其适应自然环境条件，并在适宜的条件下迅速生长的过程。暂养的好坏不仅影响幼苗的健康和出苗率，而且也直接影响分苗的进度。经过1个月左右的暂养，海带苗长度能达到20 cm左右的分苗规格。

1.1　暂养海区条件

进行海带出库苗种暂养的海区，要选择风浪小、水流通畅、浮泥和杂藻少、水质比较肥沃的安全海区，通常是选择内湾海区。在水流通畅的海区，幼苗受光均匀，容易吸收营养盐；在水流不通畅的海区，海带苗种上附着的浮泥、杂藻较多，不仅影响幼苗的光合作用，而且杂藻也与幼苗争夺营养盐。

1.2 暂养操作

将出库的海带苗种尽快运输至海上（图3.1），进行暂养操作。

图3.1 海带苗种运输出海

1.2.1 分拆苗帘

海带苗种下海后，随着幼苗的长大，很快出现育苗帘上幼苗过于密集、相互遮光的现象，从而影响幼苗的均匀生长和出苗率。因此下海后要尽快分拆苗帘，即将育苗绳从育苗器框架结构上解开，并将育苗绳截成几段（图3.2）。

图3.2　分拆苗帘

如遇到天气不合适或者是来不及分拆苗帘的情况，可将苗帘系上坠石后直接吊养在海区（图3.3、图3.4）。

图3.3　绑缚坠石

图3.4　苗帘暂养

1.2.2　幼苗养殖

北方地区的海带幼苗养殖有垂养和平养两种方式；而南方地区因海水透明度较低，通常采用平养的方式。垂养是将苗绳截成50 cm长的一段，在一端系上石块制作的坠石。在另一端系上聚乙烯绳作为吊绳并拴在同一根养殖绠绳上。平养是将截成一定长度（通常是6～8 m）的苗绳，用聚乙烯吊绳分别系在两根水平的养殖绠绳上，或者是系在养殖网箱的两侧。南方部分地区的幼苗养殖是通过制作暂养筏架（图3.5）来进行的。海带苗种暂养筏架用竹竿制作，规格通常为9 m×9 m的正方形，将其固定在养殖筏架上，可暂养3～4帘海带苗种。

图3.5　海带苗种暂养筏架

将分拆的单根苗帘绳用吊绳系在养殖筏上，间距一般为14～20 cm（图3.6、图3.7）。为避免苗绳漂浮，通常在苗绳两端系上坠石。南方福建省部分地区也有将维尼纶苗帘绳分拆为3股进一步降低苗种密度的操作方式。

下海暂养期间，海带苗种的养殖操作主要包括调节水层、洗刷等。

图3.6　平挂苗帘绳

图3.7 平养的海带苗种（初期）

1.2.2.1 调节水层

在北方海区，因为海水透明度一般在2 m左右，因此需要调节水层；而在南方海区，因海水透明度不超过1 m，所以很少进行调节水层的操作。

初下海及初拆帘时，水层略放得深些为宜。这是因为幼苗在室内受光较弱，需要一段适应期；幼苗在帘上密集生长时相互遮光，拆帘疏散后也需要一段适应期。但随着幼苗逐渐适应环境，开始生长，对光照强度的要求也逐渐增加，而这时水温与光照强度又逐渐下降，所以应逐渐提升水层，促进幼苗生长，至分苗前可使幼苗处在较浅的水层。

幼苗下海后马上调节水层至适宜的深度，为当地透明度的1/3～1/2。透明度偏小的海区，初挂水层可在30～50 cm，7天内逐渐提升到20～30 cm；透明度偏大的海区，初挂水层可在50 cm左右，而后逐渐提升到20 cm左右（图3.8）。

纵向的浮绠上，每隔20 cm拴有一根20～40 cm长的聚乙烯细绳，即吊绳，通过吊绳的长度来调节海带苗的暂养水层深度。将苗绳的两端系在吊绳上，绳的下面缚有坠石，确保苗绳能稳定在一定的水层。每根吊绳间隔20 cm，可保证苗绳在风浪中不会互相碰撞、缠绕。随着苗种长大，可在平养苗帘绳中部系浮球或空塑料瓶来增加浮力。

图3.8　暂养中后期调节苗种水层

1.2.2.2　施肥

在贫瘠海区暂养幼苗，施肥是十分重要的环节。幼苗期苗小，需肥量不大，但要求有较高的氮肥浓度。氮肥充足，幼苗生长快，色深，可以达到提前分苗的目的。

暂养阶段的施肥量应不少于养殖海带总施肥量的15%～20%，以挂袋法为主。即每个塑料袋装尿素（或硝酸铵）0.15 kg，用针扎两个孔，绑在苗绳上，然后沉到水中。挂袋时应注意尽量使袋接近幼苗，少装、勤换或采取浸肥的方法，以利于充分发挥肥效。

1.2.2.3　洗刷

幼苗下海后，应及时进行洗刷，以清除浮泥和杂藻，促使幼苗生长。一般来说，下海后的前10天管理比较重要；幼苗越小越要勤洗；当幼苗长到2～3 cm，可以适当减少洗刷次数；当幼苗长到5 cm以上时，可酌情停止洗刷。

1.2.2.4　清除敌害

海区的很多动物性敌害如麦秆虫、钩虾等，以海带幼苗为食。特别是刚下海的幼苗，由于个体小，受到的危害更大。生产上常用质量体积比为0.3%～0.4%的尿素水溶液结合浸肥，以清除育苗绳上的敌害。

2 分苗

培育在育苗基质上的幼苗从室内移到海上，虽然其生活环境条件得到了很大的改善，但随着藻体的迅速生长，在高密度的情况下，光照条件就远远不能满足其生长的需要。其他方面如流水、营养盐等也同样不能得到满足，势必导致幼苗生长缓慢、停止和病烂的发生。因此，当幼苗长到一定大小时，就必须及时将其疏散开，也就是要及时分苗，才能使海带得到较好的环境条件，继续保持较快的生长速度。

海带分苗时间对于海带增产具有重要的意义，生产中一直有着“早分苗、分大苗”的操作习惯和经验。生产实践证明，分苗时的幼苗越长越好。在同一个时期，用同样的处理方法、放养在同一海区，分苗时，苗体大的要比苗体小的生长好得多。海带幼苗一旦达到分苗标准，就要及时地把大苗剔下来，把小苗留下让其再生长一段时间。这样小苗就会迅速生长起来，才能真正达到“早分苗、分大苗”的目的。

2.1 分苗时间

北方的辽宁省和山东省沿海的海带夏苗一般是10月初至中旬出库，经过半个月左右时间的暂养，就会有一批幼苗达到分苗标准，在10月底到11月上旬就可以开始分苗。在苗源充足的情况下，用1个月左右的时间就能完成分苗工作。南方的浙江省和福建省海区由于自然水温下降得晚，因而出库的时间比北方要晚半个月到1个月，分苗时间也相应晚些。南方地区的夏苗在11月下旬出库，经1个月左右的暂养后才能达到分苗标准，在12月下旬开始分苗。

2.2 分苗的幼苗大小

幼苗下海后应及时将符合分苗标准的苗（图3.9）剔除下来进行分苗，这样可以促进小苗的生长，提高苗的利用率。当幼苗长到10 cm以上时，就可以分苗了。分苗的幼苗大小以12～15 cm为宜，这种规格大小的幼苗已经有一定长度的柄部，夹苗时可以夹住其柄部，而不损伤其生长部。太小的苗因柄部很短，夹苗时往往夹及生长部，从而影响幼苗的生长。另外，幼苗长到10～12 cm时，假根才有一定的大小，夹苗后能减少掉苗。

图3.9　达到分苗规格的苗种

海带苗种的分苗通常可反复进行1～2次，而在浙江部分地区，因考虑到节约苗种的需要，可进行多达6次以上分苗。不同批次分苗时，幼苗的大小必须随分苗期早晚而有所不同。分苗早的幼苗可略小些，10～12 cm即可；中期分苗时，一般应在15 cm以上；而后期分苗的幼苗则应更大些，一般应在20 cm以上。

2.3　分苗操作

海带分苗操作具体包括剔苗、运苗、夹苗和挂苗。

2.3.1　剔苗

剔苗就是将附苗器上生长到符合分苗标准的苗剥离下来，以进行夹苗（图3.10～图3.13）。剔苗时，一手将苗绳提起绷紧，另一只手把住幼苗藻体上部1/3的地方，然后顺着一个方向，均匀地用力将苗拔下来。也有的地方用竹刀刮苗，这种方法效率比较高，但不管大苗还是小苗都被刮下来了，也易折断幼苗。

剔苗过程中应把大苗及时剥下来，同时保证留下足够的小苗可以继续生长，因此剔苗决定了幼苗的利用率，也关系到分苗速度。剔苗操作应注意以下几点：

（1）剔苗时不得损坏幼苗的假根。

（2）在剔苗过程中，要尽量缩短幼苗的离水时间，或不离水剔苗。

（3）剔苗动作要快，不要使幼苗在手中把握的时间过长，以防体温损伤幼苗。

（4）做到勤剔、少剔，即一次剔苗时，在一处苗绳上不要剔得太多，要勤剔苗，提高幼苗利用率。

（5）当天分多少苗就剔多少苗，尽量做到当天剔的苗当天夹上，当天挂到海上养殖，避免幼苗受伤造成的生产损失。

图3.10　剔苗操作

图3.11　剔下的海带苗

图3.12 装苗筐

图3.13 用湿布盖好的装苗筐

2.3.2 运苗

剔好的海带苗要及时运到陆地上，以减轻对苗种的伤害，并便于及时夹苗。运苗要注意以下几点：

（1）装苗筐要用海水浸泡或浇湿，保持一定的湿度。

（2）每筐装苗量不能太多，以防互相挤压以及发热。

（3）运输中要用草席、布帘或塑料布盖好，以免日晒风吹；如海上运输时间较长，应经常浇海水保湿。

（4）应及时运输，减少离水时间，勤剔、勤运。

2.3.3 夹苗

夹苗是将幼苗单株按一定密度要求夹到苗绳上的操作。目前夹苗工作仍然是通过手工操作完成的，因此工作量大，所需人力多，而且又是抢季节的工作。夹苗速度的快慢，是争取早分苗、早分完苗的关键之一。早期海带夹苗有单夹法和簇夹法两种操作方式，但目前都统一采用单夹法（图3.14）。

南方和北方夹苗的密度不同，主要是由养殖海区环境（透明度、温度等）以及养殖周期长短所决定的。南方海区因透明度低、初夏水温提升速度快、养殖周期短等，海带长度和宽度都较小，因此可通过提高夹苗密度来增加单位养殖面积的数量，从而提高产量。在浙江省、福建省和广东省沿海，主要采用间距为3～5 cm的单夹法；而山东省普遍采用间距8～10 cm的单夹法。

图3.14　将海带苗单株取出

夹苗操作（图3.15）中要注意以下事项：

（1）夹苗前，需先将养殖绳浸泡在海水中洗刷，一方面清洁养殖绳，另一方面湿润的养殖绳对于夹在其上的幼苗能起到一些湿润作用，不损伤幼苗的柄和假根。

（2）将养殖绳的股绳松开，将幼苗的柄部夹在养殖绳的中心。夹苗过浅将导致掉苗现象；过深则易损伤生长部，导致苗种死亡。

（3）夹于同一根养殖绳上的幼苗大小应保持大致相同，不可相差太大。

（4）每绳的夹苗密度应严格掌握，过密和过疏都会导致减产。

图3.15　夹苗操作

（5）夹苗操作中应尽量避免或者缩短幼苗在冷空气中的暴露时间。冷空气对离水的幼苗伤害很大，严重时幼苗会立即被冻坏变绿，轻微时虽然当时表现不出迹象来，但受了冻伤的幼苗需要相当长的时间才能恢复正常，从而影响了海带分苗后的生长速度。

（6）无假根的幼苗不宜夹苗，缺根幼苗夹上后很容易脱落，导致缺苗。但叶片梢部被折断、剩余的带假根部分达到分苗标准长度者仍可使用。

夹好海带苗的苗绳（图3.16）应及时浸泡在海水中（图3.17），以防风干失水导致的苗种死亡。

图3.16　夹好海带苗的苗绳

2.3.4　挂苗

苗夹好后，应及时出海挂苗，尽量减少幼苗在陆地上的积压时间。出海挂苗运输操作与运苗基本相同，应保持苗种湿润、不相互摩擦，并且避免日晒雨淋（图3.18～图3.20）。

挂苗的方法是用吊绳直接将养殖绳挂到筏架上，一般采用平养法挂苗（图3.21）。挂苗水层要根据养殖方式、密度、水流条件和透明度大小来决定。初挂水层应偏深些，这是因为幼苗从密集丛生的育苗器上剥离下来，经分苗后，其受光条件已很大程度上发生改变。同时，由于幼苗不需要强光，光照强会抑制其生长，甚至会引发病害，所以在北方海区，一般初挂水层在0.5 m左右，经过一段适应时间再提升水层。

图3.17　苗绳浸泡

挂苗时应注意以下事项：

（1）每次出海挂苗所取的数量不可过多，以在3小时内能挂完为准。数量过多，挂苗时间过长，幼苗受冷空气的刺激大，很易受冻害。

（2）运输过程中，要用草席等将幼苗盖好，避免风吹日晒。

（3）挂苗操作时，必须仔细认真，除绑扣要牢固外，还要取放轻稳，有条不紊，避免摩擦折断幼苗。

（4）要严格按照挂苗密度挂苗，保证最终养殖产量。

图3.18　准备进行出海挂苗的苗绳

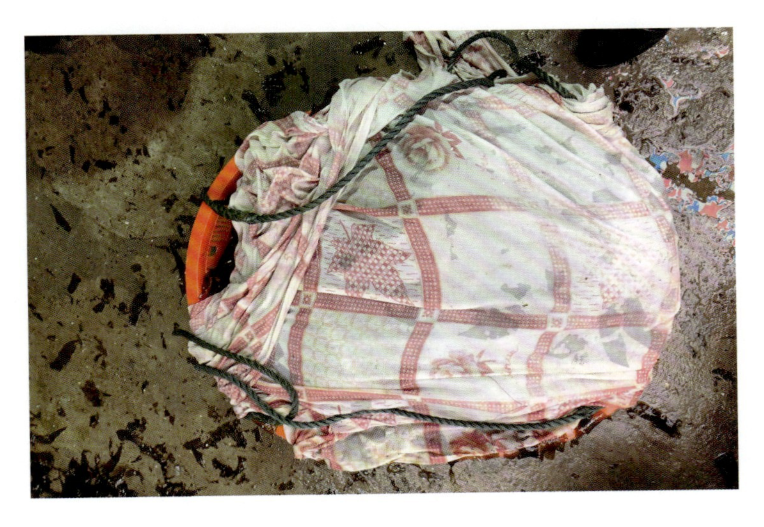

图3.19　湿布封口

图3.20　出海挂苗运输

图3.21　挂好的苗绳

苗绳下海后不可避免地要有一部分苗因风浪等问题丢失，或者幼苗死亡，应该及时补苗，不然将会影响产量。补夹的苗应尽量与养殖绳上的苗大小一致，不可相差太大，不然补上去也没有生产意义。

3　海区养殖与管理

在海带养殖技术发展过程中，我国海带筏式养殖有垂养、平养、垂平轮养、潜筏平养、方框平养和“一条龙”

养成等6种形式。目前主要采用平养和垂养的形式。其中，北方海区，幼苗暂养期间采用的是垂养法和平养法，而养殖期则采用平养法；南方海区，幼苗暂养和养殖期均采用平养法。

平养是水平利用水体的养成方法（图3.22、图3.23）。这种方法是指分苗后，将养殖绳挂在两行筏子相对称的两根吊绳上，使苗绳斜平地挂于水层中。

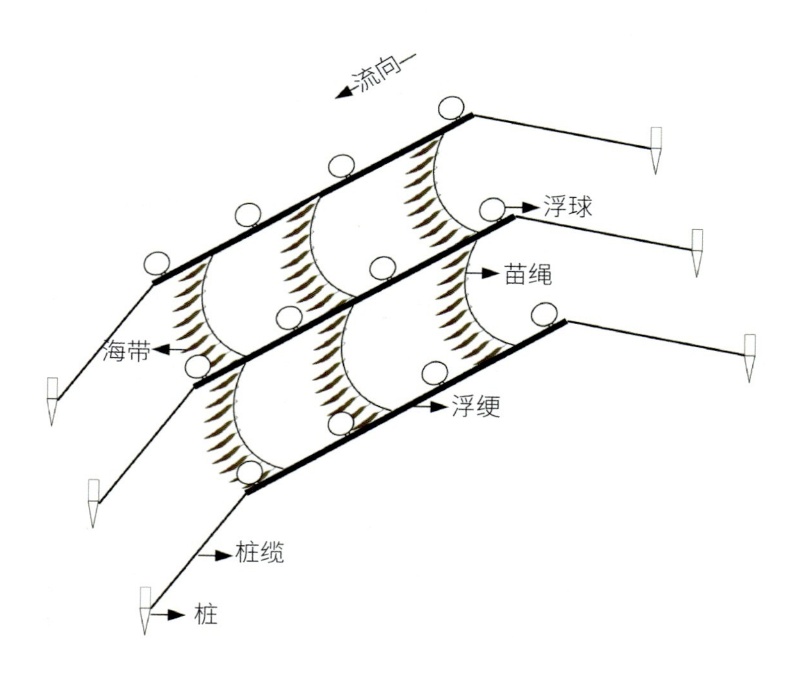

图3.22　平养示意图

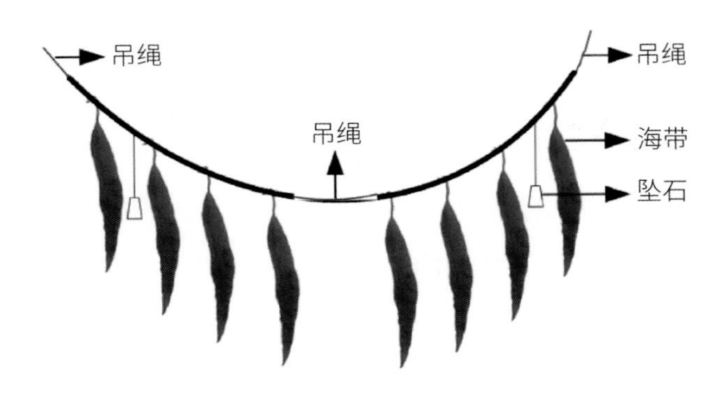

图3.23 苗绳结构示意图

平养的最大优点是将养殖苗绳上的海带排列在一个接近于同一平面的斜面上，拉开了株间的距离，每株海带都能够得到较充足的光照，生长迅速，个体间生长差异较小。这种方法解决了垂养中养殖绳上端海带遮挡下端海带受光的问题。平养的海带比垂养的生长快；在每株海带的鲜重和干品率方面，平养海带也比垂养海带要高得多。平养的另一优点是不需像垂养那样进行频繁倒置，因而大大地节省了工时，减轻了劳动强度。

平养也有其缺点。由于海带都并列在一个平面上，互相遮光很少，尤其是在养育初期藻体较小时，彼此遮光更少，因而生长部接受的光照普遍偏强，而叶片梢部却接受微弱的漫射光，叶梢部的互相遮光现象较严重。这种不符合海带自然受光需求的状况，将会抑制生长部细胞的正常分裂，尤其是在海水透明度增大时，这种情况更为严重。不但生长部细胞分裂不正常，而且叶片生长也不舒展，平直部形成得晚的而且短小，并易造成叶梢过早衰老。另外，叶梢也易出现绿烂、白烂等病害。平养的这个缺点在海水透明度较大的北方海区显得尤为突出，而在浑水的南方海区却不存在这一问题。同样，在水深流大海区平养的海带，藻体的中部和梢部被水流冲起漂浮在较浅的水层中，而生长部位所在的叶片基部被置于较深的水层中，这正好符合海带的自然生态，不但不会产生上述问题，而且会使海带受到更加适宜的光照。要使海带能保持这种状况，吊绳必须适当长些，尤其是在流很大的情况下，否则整个海带都会被流水压在深水层。

另外，由于平养养殖绳通过两端的吊绳固定在两行浮筏上，因而不像垂养苗绳那样有较大的摆动幅度。在海水流速小的海区，平养的海带叶片基本垂在一个水层中，因而阻流阻浪现象较严重，使海带不能得到良好的受流条件，从而影响海带受光状况。

可通过水层调节操作来避免平养的上述缺点。在分苗后的养殖初期，为防止生长部受强光抑制，可以延长吊绳或使苗绳的斜平度加大。在养殖水层的掌握上，一般要宁深勿浅，之后逐步稳妥地向上提升。

4 养殖管理

养殖管理主要包括补苗或疏苗、水层调节、日常观察和清洗浮泥。

从分苗后到厚成收割前，是海上养成管理阶段。这个阶段在北方海区需要6～7个月的时间，在南方海区需要4～5个月的时间。海带在海上经历了低温的冬季、水温回升的春季和较高水温的初夏，从藻体本身看，是从幼小长到成熟的过程。海上养成阶段管理工作的好坏，直接关系到海带的最终产量和产值。

4.1 养殖密度管理

合理密植是提高产量的一项有效措施。海带养殖生产的目的，一方面要获得单位面积内的最高产量，另一方面还要有符合商品规格的质量，这样才能实现优质、高产，才能收到更高的经济收入。充分发挥海带群体和个体的生长潜力就关系到密植程度的问题。养殖密度过大，藻体间相互遮光阻流严重，不管是群体还是个体都得不到充足的光照，再加上其他营养条件得不到满足，导致个体和群体的生长潜力都不能得到充分的发挥；养殖密度过小，虽然光照条件和其他条件得到改善，海带的个体生长潜力得到充分的发挥，但由于群体的株数少，不能充分利用水体的生产力。当前生产上存在的问题是养殖密度偏大，不仅是指每绳海带的夹苗数和每台筏子的挂绳数偏多，还包括一个海区的总养殖量往往偏大，以及养殖区布局不合理，超过了水体的最适养殖容量，因而导致单位养殖产量或整体养殖产量下降。

从理论上来说，合理的放养密度应该使群体得到充分的发展，而个体稍受抑制。但对一个具体的海区来说，合理的放养密度要通过不同密度的试验才能获得。海带养殖的密度主要是由株数、株间距、筏距等来决定的。根据目前的生产技术水平，一般认为：一类海区每绳（净长2.5 m）夹苗25～30株，亩放苗量1万～1.2万株；二类海区每绳夹苗30～40株，亩放苗量1.2万～1.6万株；三类海区每绳夹苗40株以上，亩放苗量1.6万株以上比较适宜。

南方福建地区的养殖绳长通常为8 m，苗间距5 cm左右，深水区绳间距为1.3 m，浅水区绳间距为1.5 m。

4.2　养成期水层的控制和调整

养殖水层的调节，实际上是调节海带的受光。海带养殖过程中，光照条件的调节是一个比较复杂的问题。因为光线在海水中的状况与海水的透明度和流速有关，同时海带的受光状况还与养殖方式、养殖密度等有关。因此，没有通用的调光办法，各个海区要根据自身的特点和养殖方法确定调光办法。

4.2.1　养成初期

根据海带幼期不喜强光的习性，分苗后在一类海区可采取深挂。在北方海区初挂水层为50 cm，在南方一般海区初挂水层为10～20 cm。

4.2.2　养成中期

随着海带个体的增大，相互间的遮光、阻流等现象愈来愈严重，在深水层的海带生长会逐渐缓慢，因此必须及时调整水层。在此期间，北方海区的水层一般控制在50～80 cm；南方一般控制在40～60 cm，浑水区控制在20～30 cm。

在整个养殖过程中，应根据海水透明度的变化情况，适时调节吊绳的长度，或用加减浮力的办法来调整养殖水层。

4.2.3　养成后期

光线是促使海带厚成、增加物质积累的重要因素。但在海水温度还不适宜厚度生长时，光线只能促使海带局部厚成。往往是养殖绳两端靠近绠绳部分受光较好的海带厚成较好，叶片较厚，色泽较深；养殖绳中部的海带因水层较低，厚成较差。待海水温度升到适宜厚度生长时，不仅是光线好的部位厚成较快，而且受光较弱的部位厚成也相应地加快。这时海带光合作用所制造的物质主要用于物质的积累，很少供给长宽的生长。因此，在考虑到用光照促使厚成的同时，必须考虑海水温度，而当海水温度达到适合厚度生长时，必须及时调整光照，促使其厚成。这样既避免过早提升水层影响生长，又能防止过晚提升水层影响厚成。

南方和北方海带厚成期的水温不同。在北方地区的一类海区，当春季水温回升到8 ℃以上，海带就进入到厚成期；北方一般海区要到12 ℃左右，海带才进入厚成期。福建海区水温要回升到18 ℃左右，海带才进入厚成期。

为了促使各部位海带都能厚成，进入养殖后期要及时提升水层，增加光照，同时要进行间收，把厚成较好的海带间收上来，这样就能改善受光条件，促进厚成。另外，切尖等措施也是改善海带后期受光条件的有效方法。目前，因为缺乏劳动力以及雇工成本较高等因素，除了北方地区的大连市和长岛县还采用间收的方式来进行增产，其他地区均未使用间收，而是在养成后一次性将整绳海带收获。同样的原因，生产中也不再进行切尖增收。

4.3　整理筏架

海带的养殖筏架一般都是在临近分苗时才设置在海中，因过早的设置不仅要增加护理工作（清除杂藻、贻贝及其他附生动物），而且还增加器材的损耗，影响养成后期筏架的安全。在分苗工作结束后，要进行筏架的整理工作，将过松、过紧的筏架调到适当的松紧程度，将参差不齐的筏架调至整齐。在养成过程中可能会发生拔桩、断绠、缠绕甚至整台养殖筏受到破坏的情况，要及时进行整理和维护。尤其是在养殖期间，对于缠绕到筏架和养殖绳上的铜藻等漂浮藻类要及时清理，以免出现对海带的遮光以及大量堆积后拔桩、倒筏等问题。

4.4　维护和添加浮球

养成期间，可根据海带生长情况，及时在养殖绳或绠绳上增加浮球，来调节海带养殖的水层，提高产量。同时，应及时检查浮球状况，对于破损和丢失的浮球要及时更换和补充。

4.5　更换吊绳

养殖期间，应及时检查吊绳是否磨损，绳扣是否松弛，发现问题要及时处理。

4.6 洗刷浮泥

海带在凹凸期或是在进入脆嫩期后，叶梢的衰老部分往往沉积着很多浮泥，特别是浑水区的海带叶片上沉积的浮泥更多。这些浮泥不但影响海带的受光，而且影响海带的呼吸作用，如果不及时清洗掉，将影响海带的正常生长，甚至导致病烂的发生。另外，大量的浮泥沉积往往使筏架下沉，使海带的受光更加不足。因此在养成过程中，要经常在舢板上提起苗绳上下摆动几下，来冲洗浮泥。

5 病害防控

海带养成期间的主要病害有绿烂、白烂、点状白烂、泡烂、卷曲、柄粗叶卷和黄白边等。值得注意的是，海带养成期病害与苗期病害情况相似，多数是由于光照、盐度、温度、水质等变化导致的生理性病害。

5.1 绿烂病

绿烂病是海带培育期间常见的一种病害。患有绿烂病的海带通常从藻体梢部的边缘开始变绿、变软，或出现一些斑点，而后腐烂，这些症状由叶缘向中带部、由尖端向基部逐渐蔓延扩大，严重时整条海带烂掉。显微切片观察发现，发病部位的组织细胞发生病变，细胞内原生质不饱满，表皮细胞内质体有分解现象，细胞和组织呈现绿色，细胞间结构疏松。

绿烂病一般发生在四五月份，天气长期阴雨多雾、光照差或海水混浊导致透明度小时容易发生。从水层来看，绿烂病几乎全是从底层海带开始，上部水层发病较轻。养殖密度大或遮光重者发病较重。通常情况下，大面积养殖海区的中心位置及潮流小的近岸区绿烂病较重。

一般认为绿烂病是由光照不能满足海带正常的生理代谢而引起的，造成藻体细胞的活力逐渐变弱直至原生质被破坏，最后死亡。在这个过程中，呈现黄色的褐藻黄素首先被分解，显示出叶绿素的颜色，使细胞和叶片呈现绿色，并出现黏性的腐烂现象。由于海带梢部组织细胞生长周期长、活力较弱，对不利环境适应力差，又由于筏式养殖的海带叶片下垂，叶梢受光弱，因此绿烂病一般从尖端开始蔓延。

防治绿烂病的措施包括：

（1）提升平养水层，将处于水层较深的养殖绳通过减小吊绳长度上提到适当浅的水层。

（2）切尖与间收，将绿烂部位切除或将腐烂严重的海带割掉。

（3）稀疏养殖绳，将发病区的养殖绳适当地稀疏，最好移到水深流大的外区。

（4）洗刷浮泥，及时、经常地洗刷海带叶片上沉淀的浮泥。

5.2 白烂病

白烂病通常先发生于叶片梢部。藻体由褐色变为黄色、淡黄色，以至白色。症状由梢部向基部、由叶缘向中带部逐渐蔓延扩大。同时白色腐烂部分大量脱落，严重的藻体波褶部全部烂掉，仅剩色浓质韧的中带部。部分海带全叶烂光，白色腐烂部分有时全变为红褐色。对病烂部位的显微切片观察发现，发病部分的组织细胞发生病变，细胞内原生质体消失，表皮细胞没有或仅有少量质体，细胞只剩空壁。

白烂病一般发生在五六月，在天气长期干旱、海水透明度大、营养长期不足的情况下容易发生。多发生在水质贫营养或不肥沃的海区，氮、磷营养丰富的海区很少发生。多发生在浅水层，且大面积养殖的浅水区中心发病重，水深流畅的水层或海区发病轻或者不发病。中带部小、叶波褶部大、藻体薄的海带白烂病较重。

白烂病是细胞的岩藻黄素和叶绿素一起被分解，藻体呈现白色而死亡的现象。从病害发生的现场情况来看，白烂病都是发生在浅水层，同时又多是海带长到一定大小、水温升高到一定温度而海水透明度突然增大时才会发生。因此，光照过强是发生白烂病的重要原因之一。另外，白烂病多发生在缺氮的海区，营养不足导致海带生长发育受到影响，在这种情况下，光照过强就容易发生白烂病。因此，营养条件不佳和光照过强是发生白烂病的主要原因。

防治白烂病的措施包括：

（1）加强幼苗培育，早分苗，分壮苗，尽量缩短海带薄嫩期，增加海带的厚度。

（2）合理布置海区养殖密度，保持水流通畅，同时在养殖集中的区域，减少筏架数量，加大区间距，预留航道。

（3）根据海况变化和海带生长发育需要，合理调整光照。

（4）白烂病发生后，应降低养殖水层，适当地增加施肥量，进行切尖处理后应抓紧洗刷浮泥，防止白烂病后的细菌感染。

5.3　点状白烂病

点状白烂病也是一种常见的病害，具有发生突然、发展速度快的特点，三五天就能使海带烂到极严重的程度，对生产危害很大。

患有点状白烂病的海带一般先从叶片中部叶缘或同时于梢部叶缘出现一些不规则的小白点，随着白点的逐渐增加和扩大，该部位叶片变白、腐烂或形成一些不规则孔洞，并向叶片生长部、梢部或中带部发展，严重者整个叶片烂掉。白色腐烂部分有时微带绿色。切片显微观察显示，刚出现白点时，仅向光面组织细胞内原生质体和质体减少或丢失，表皮细胞略疏松；白烂扩大并烂成孔洞时，洞外残存的细胞形态模糊，严重的细胞已腐烂脱落，在孔洞周围细胞有半溶解现象，且质体位于四周，褐色尤其加深，呈现一圈明显的色素环。

点状白烂病多发生在5月，有时夏苗暂养期间也有发生；在海水透明度突然增大、天晴、光照强、风和日暖的情况下容易发生，而且海水透明度越大，持续时间愈长，病烂愈重；多发生在薄嫩期或凹凸期含水分多的阶段，色浓质韧的海带发病轻或不发病；水浅、流缓的大面积养殖中心区发病重，水深、流畅的边缘区发病轻或不发病；多发生在浅水层。

点状白烂病主要是光照突然增强而引起的。当光照突然增强，海带局部生活力弱的细胞适应不了时，就会使细胞被破坏而死亡。在此过程中，由于色素体被分解，藻体出现白点，随即溃烂。

点状白烂病是一种强光性病害，所以预防应从光线（水层）调整着手，主要防治措施包括：

（1）控制养殖水层。在易于发病期的前10～15天（4月下旬至5月中旬），将养育水层控制在100 cm以下，以避免光线突然变强引起发病。但是当藻体快进入厚成期且没有出现发病现象时，应及时逐步提升水层，以促进藻体充分厚成。

（2）改善水流，改善海带的受光条件，加强物质交流。可以采取缩小养殖区面积、加大区间距、降低养殖绳密度、及时切尖以及将养殖绳移至流速较大的海区等措施。

（3）加强幼苗管理，尽量提早分苗，促进藻体提早进入厚成期。

5.4　泡烂病

泡烂病主要发生在夏季多雨期的浅水薄滩海区。由于大量淡水流入海区使海水盐度急剧降低，导致海带细胞因低盐渗透而死亡。

泡烂病发生时，在叶片上不分部位地出现很多水泡。当水泡破裂后，便沉淀一定浮泥而变绿腐烂成许多孔洞，严重时叶片大部分烂掉。

泡烂病的防治措施主要是在大量降雨前将养殖绳下降水层，以防淡水的侵害。

5.5 卷曲病

卷曲病通常发生在海带叶片的基部（生长部）周围，发病症状分两种情况：一种情况开始于向光侧的叶片波褶部，或同时在中带部变为黄色或黄白色，随后在叶片波褶部出现豆粒大的凹凸、网状皱褶，或者由叶片波褶部向中带部卷曲扭转。严重时，叶片波褶部可卷至中带部，使中带部叶片腐烂。另一种情况是海带叶片的基部（生长部）出现“卡腰”现象，基部伸长、加宽，局部肥肿，藻体生长停止。显微切片观察显示，向光面发病部位的表皮细胞甚至皮层细胞呈点状或片状死亡，细胞内原生质减少，质体破坏，有的仅剩细胞外廓，严重的细胞壁已碎裂脱落。

卷曲病的发病温度范围较广，北方地区10月至第二年4月上旬都有可能发病；在天气晴朗、无风、海水透明度大的小汛潮期容易发生；主要发生于海带薄嫩期，藻体长度一般为80 cm；易发生在水浅、潮流小的浅水层；大面积养殖区的中心发病重，水流通畅的外区发病轻微或不发病。

根据卷曲病的发病规律，可以认为卷曲病是由突然受光过强所致。因为处在薄嫩期的海带具有喜弱光的特性，当海水透明度突然增大时，养殖水层较浅的海带会因强光刺激导致向光面表皮细胞的大量受损和死亡，而背光面细胞继续生长，使叶片两面细胞生长失去平衡，形成了卷曲现象。同时，由于这时期海带个体小，互相遮光且叶片基部（生长部）细胞幼嫩，对强光适应力差，因此卷曲发生在叶片基部。

防治卷曲病的主要措施包括：

（1）夏苗暂养区，特别是水浅流缓、挂苗集中的海区，应适当外移；合理安排养殖密度，畅通流水，改善受光条件；发生卷曲病后，必要时可向水深、流大的海区搬移。

（2）养殖初期，叶片长度在100 cm以内时，加密养殖，减少绳间距，使养殖密度增加0.5～1.0倍，使海带互相遮挡，避免强光。

（3）根据透明度的大小，控制适当的养殖水层，一般初期应掌握在水面80 cm以下。

6 收割

6.1 收割期

海带收割过早和过晚对海带的产量和质量都有损失。过早收割，海带含水量高，制干率低，质量差；过晚收割，海带会在海中大量腐烂而造成损失，同时，晚收割的海带因生长缓慢，叶面上易沉积大量浮泥和附着大量的附着生物，降低了加工后的品质。在南方地区，夏季是多台风季节，养殖后期的海带易遭台风灾害的损失，并且受阴雨天气对海带晾晒的影响较大，所以收割必须适时。

收割期的确定除了应以海带的厚成情况为主要标志外，还要考虑海区环境因素。内湾或近岸水流缓慢的海区要早收，水流畅通的海区可晚收。

在大量生产情况下，收割和加工不是在很短时间内所能完成的，因此还必须根据人力、物力、晒菜场地和加工方法等条件来掌握。如果等海带充分厚成时才开始收割，那么后期收割上来的海带就会因时间过晚而遭受损失。所以，开始收割时鲜干比和干品等级标准的要求可稍低一些，中期合乎标准，后期高一些。

筏式养殖的海带一般要求6～6.5 kg鲜菜晒成1 kg干菜。南方地区水温升高快，比较早一些开始收割，收割时间一般为3月下旬至5月中旬。北方地区收割期较长，一般从4月中下旬开始，先收内湾、里区、上层的成熟海带，晚的到8月中旬结束。辽宁省海带加工只进行盐渍加工，因此收割时间较短一些，从5月中上旬开始到7月末结束。

6.2　收割方法

多年以来，海带收割主要是手工作业完成，尽管目前已出现了海带收获船等半机械化收割装置，但这些装置仍然在试验研究阶段。南方地区潮差较大，因此在岸边架设卷扬机，将整绳海带从养殖船上沿钢丝缆绳吊到近岸，进行后续加工。

收割海带是一项繁重的体力劳动，大部分地区的海带收割仍采取整绳收割的方式。在北方的辽宁省和长岛县，生产上仍采取间收的方法，把单株成熟的海带在柄的基部用刀割或连根拔下，将收割的海带装船到岸边，运上岸进行加工。这种“成熟一棵收一棵，成熟一绳收一绳”间收的方式，提高了海带的产量和加工品质，但相对而言也增加了操作的复杂性。

在海带收割时，应在海水中摆洗一下浮泥，并及时清理其上附生的杂藻等生物，在运输中不要拖土粘泥，以免影响加工质量。

7　初级加工

收割后的海带（图3.24）根据不同的用途，海带初级加工的方式基本分为3种类型：鲜海带饵料、淡干海带和盐渍海带。

图3.24　收割后的海带

7.1　鲜海带饵料

鲜海带饵料主要是作为鲍和海参养殖饵料。鲍饵料加工，通常是在海区中的养殖船上，直接用切片机将海带切成长10～15 cm的小方块，然后直接投喂到养鲍笼中（图3.25）。海参饵料加工，是将整株海带用粉碎机打成浆状，再掺入其他饲料，用作海参饵料。由于成本问题以及海参摄食中对泥沙不敏感等原因，也有将质量较差（通常是泥沙含量高、黄白边多）的淡干海带用粉碎机打成粉，再掺入其他饲料用作海参饵料。

图3.25　投喂鲍的鲜海带饵料

7.2　淡干海带

淡干海带是利用阳光晒干海带制成的干品，这种加工方法具有加工质量好、产品色泽好、处理材料成本低、便于加工和不破坏营养成分等优点。

7.2.1 场地晾晒

在岸边的晒菜场上，将海带单棵平摆在地面上（图3.26）或支起的晒网上。在晾晒过程中，不要折叠海带，当薄的梢部晒干后，要把没晒干的基部压在梢部上，促使其干燥，同时避免梢部被晒得过干而断裂破碎。收割的海带应该争取当天晒干入库，要早收早晒，或前一天下午收割，第二天一早就晒。海带不能晒得过干，否则容易破碎。

图3.26 淡干海带场地晾晒

晒场的环境条件决定了淡干海带的品质。砾石或卵石的场地晒出的淡干海带泥沙等杂质少、色泽鲜亮；在有矮小青草的草地进行晾晒，干燥较慢，但晒出的海带杂质少；而沙土地晒出的海带则泥沙含量大，且晾晒不均匀，易出现黄白边，应在晾晒过程中及时翻面，并在晒干后清除表面的泥沙。

7.2.2　吊晒

吊晒（图3.27）是将海带养殖绳整绳吊挂在岸上或海区的竹竿上进行垂直晾晒的方式。相比场地晾晒而言，吊晒基本没有泥沙黏附，同时节省空间。这种晾晒方式比较适合南方地区，因养殖周期短，初夏水温上升速度快，海带个体长度不大，基本小于2.5 m，同时海带比较薄，容易晒干。浙江省的吊晒主要是在岸上进行，而福建省宁德市霞浦县的吊晒主要是在海区，利用坛紫菜养殖的竹竿进行。

图3.27　淡干海带吊晒

7.2.3 烘干

在南方福建省部分地区，幼嫩期的海带或者生长期短的海带（如漳州市东山县，养殖期仅有160天左右）比较薄，可通过干燥设备进行直接烘干（图3.28）。这种加工方式相对生产效率高，但能耗成本也较高，比较适合加工质量好、价格高的优质淡干海带。

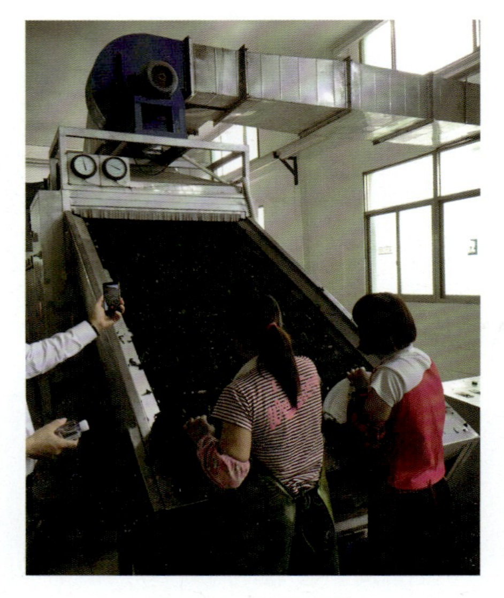

图3.28　烘干海带

7.3 盐渍海带

盐渍海带是目前海带主要的初级加工方式，相对淡干海带加工而言，其工艺过程较为简单，且机械化程度高，操作强度较小，在我国南方和北方地区应用比例越来越高。将整

将苗帘摆放在泡沫保温箱中（图4.82）。每箱可放置维尼纶帘20帘；棕帘对折后，每箱放6～10帘。

图4.82　装入泡沫箱

海带苗种运输期间，通常泡沫箱内温度升高导致水分蒸发，水蒸气在叶片凝结引起组织坏死、变绿，在运输前处理中一定要注意保持箱内低温以及沥干苗帘水分，也可铺放拧干水分的湿毛巾用于吸潮。海带生长点在靠近柄部的叶片基部，叶尖略有绿烂并不会导致藻体的死亡。将冲洗后的苗帘甩干表面的水分，可用拧干水分的湿毛巾包裹冰袋或冰瓶，使其保持低温；用封口带密封箱口（图4.83），减少空气交换，保持箱内温度。用车辆将泡沫保温箱运输至养殖场（图4.84），或进行航空运输，运输时间宜为10小时以内。如泡沫保温箱内部加冰袋，运输期可延长至24小时左右。普通车辆运输期间，应在泡沫保温箱外部铺盖遮阳布，避免日晒，或者可使用冷藏车运输。

图4.83　封箱

图4.84　装车运输